GUÍA DE BOLSILLO

REPARACIONES EN RUTA

MOUNTAIN BIKE

GUÍA DE BOLSILLO

REPARACIONES EN RUTA

MOUNTAIN BIKE

JOCHEN DONNER • DANIEL SIMON

TUTOR

Prólogo 6

Herramienta y preparativos

La herramienta adecuada 8
Consejos de expertos 10
Preparar la reparación 14

Transmisión

Guía de cadena 18
Cadena: ajustar de nuevo el desviador trasero 24
Cadena: ajustar de nuevo el desviador delantero 26
Abrir y cerrar la cadena 28
Cable del cambio 32
Bielas, platos y pedales 34

Ruedas

Cámaras y cubiertas 38
Cámaras y cubiertas/Tubulares 42
Roces, vibraciones, ruedas torcidas 44
Radios 46

Frenos

Frenos de disco 50
Frenos en V 56

Cuadro, horquilla, manillar y sillín

Rotura del cuadro 60
Daños en la horquilla 62
Suspensión 64
Holgura en el juego de dirección 66
Manillar 68
Sillín 70

Ropa, ciclista y meteorología

Ropa y equipamiento 74
Molestias físicas 76
Lluvia y tormenta 78

¡No quedarse tirado nunca más en la carretera! Este deseo lo conoce bien cualquier biker, pues una avería en ruta impide continuar el viaje. ¡El demonio de las averías acecha por todas partes!
Con una bicicleta bien cuidada y adecuadamente revisada se puede reducir el riesgo de sufrir una avería de antemano y de forma notable: componentes limpios y recién engrasados, cambiar a tiempo las partes sometidas a desgaste, revisión crítica de la transmisión y los frenos, así como un centrado de ruedas previo a cualquier salida importante, son precauciones totalmente obligatorias.

A pesar de todo, siempre ocurre algo inesperado: de repente, falla la tecnología y la bici se para. Y la meta se encuentra aún muy lejos.

Para hacer frente a las averías más frecuentes y probables en la mountain bike, hemos elaborado unas opciones de reparaciones rápidas, eficaces y extraídas de la práctica. Icluso con los limitados medios que puede llevar encima un biker, casi siempre le bastarán para salir del apuro y poder llegar, al menos, a un sitio habitado, al taller más cercano, al coche o a un tren para regresar a casa. Muchas de ellas son simples reparaciones de urgencia que no eliminan definitivamente la avería, pues para eso harán falta mejores condiciones de montaje, además de herramientas y repuestos. Algunas de nuestras sugerencias, como la de montar una férula para sujetar un cuadro roto, pueden tener sus limitaciones. Está pensada como medida extraordinaria de urgencia que nos permitirá continuar viaje, aunque con mucha prudencia y precaución (y con su correspondiente peligro). La idea es que no todo es tan grave como aquí sugerimos, pero las situaciones insólitas requieren soluciones excepcionales.

Para mayor claridad, todos los pasos de cada reparación se han representado en un estudio fotográfico. Con la imagen y el texto le mostramos qué es lo más importante en cada caso para poner la MB nuevamente en marcha. Lo único que deberá aportar el lector es un poco de destreza manual y unos conocimientos básicos de cómo funciona la tecnología de la bicicleta. Aquí encontrará la información más contrastada acerca del equipamiento adecuado para su taller durante la ruta, con las herramientas óptimas y los repuestos más útiles, así como lo que debe hacer ante cambios bruscos del tiempo atmosférico, dolores provocados por la práctica del ciclismo o daños en su equipo.

Deseamos que esta guía de bolsillo le ayude a llegar siempre a la meta.

Jochen Donner

Daniel Simon

Los autores han publicado conjuntamente varios libros sobre reparación de bicicletas y trabajan desde hace años como periodistas profesionales en revistas ciclistas como *Trekkingbike, Bike* y *Tour.* No debe, pues, sorprendernos que también dediquen su tiempo libre al deporte de las dos ruedas.

Lo necesario para una salida de un día

Para cualquier salida, por corta que sea, siempre debe contar con el siguiente material. Importante: lleve siempre una llave multiherramienta. Quien no disponga de un juego de llaves Allen, ni siquiera será capaz de apretar un portabidones que se haya soltado.

- Multiherramienta con tronchacadenas
- Cámara con válvula adecuada
- Caja de parches
- 2 desmontables de neumáticos de plástico
- Minibomba
- Eslabón de cierre
- Trapos

En las herramientas no se debe ahorrar ni en el precio ni en el peso, lo que merece la pena es preocuparse de su variedad y calidad. El Topeak Mini se puede fijar con un agarre Ninja debajo del portabidones.

Equipamiento extra para largos recorridos

Para un recorrido largo, incluso apartado de la civilización, debe ir adecuadamente preparado. La bici ha de estar obligatoriamente bien cuidada y revisada. Es la forma de minimizar eficazmente el riesgo de avería.

- Herramienta multifunción (con alicates y cuchillo)
- Bomba de presión (para horquilla de suspensión de aire)
- Aceite de cadena
- Bridas (de varios tamaños)
- Imperdibles
- Cinta aislante
- Llave de radios
- Radio para reparación de emergencia
- Clemas para empalmes eléctricos
- Guantes de un solo uso
- Pasta limpiamanos

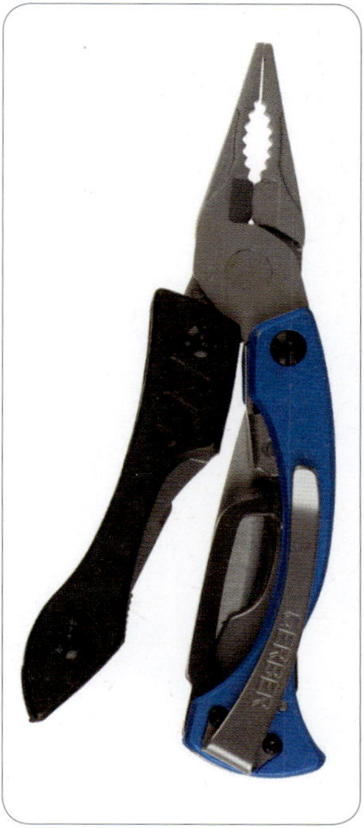

Además, para un viaje más largo

- Radios y cabecillas de repuesto
- 2 sets de zapatas de freno
- Cable para el cambio
- Cable de frenos (en frenos mecánicos)
- Aguja de coser con hilo
- Abrazaderas
- Patilla para el cambio (pedir al fabricante)

Repuestos útiles

Cualquier avería en ruta acaba por ponernos de los nervios. Muchas se resuelven rápidamente y permiten reanudar el viaje. Pero otras son más fastidiosas y solo se reparan con mucho esfuerzo, herramientas y destreza (¡y repuestos adecuados!).

Quien disponga de estos útiles repuestos para resolver los problemas más frecuentes, ahorrará tiempo y trabajo, ¡y podrá reincorporarse a la marcha de inmediato!

Pins conectores de cadenas para reparaciones

Los hay para cadenas Shimano de 8 y 9 velocidades (izquierda), de 10 (centro) y de 11 velocidades (derecha). La parte inferior es el pin, la superior el pasador-guía. Después de apretar, hay que romper el extremo descartable.

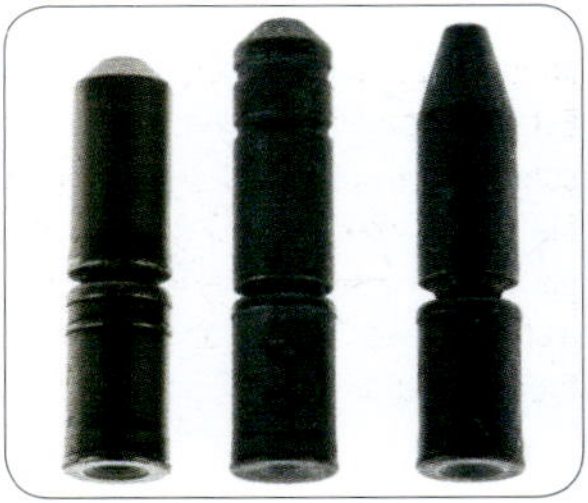

Eslabón de cierre

Todas las cadenas se pueden cerrar de forma sencilla, por lo menos y si no hay más remedio, con un eslabón de cierre. Según su anchura, los hay para cadenas de 8, 9, 10 y 11 velocidades. Siempre debe llevar entre sus herramientas un eslabón adecuado.

Radio para reparación de emergencia

Los radios se suelen romper en la rueda trasera cerca de los piñones. Para reponerlo hay que desmontar los piñones. Estando en carretera le será útil un radio de emergencia como el FiberFix variable.

Minibomba con manómetro

Esta minibomba universal trabaja con una palanca telescópica ajustable y una palanca en T ergonómica para un volumen de llenado rápido a alta presión. Su cabezal se adapta a todos los tipos de válvulas.

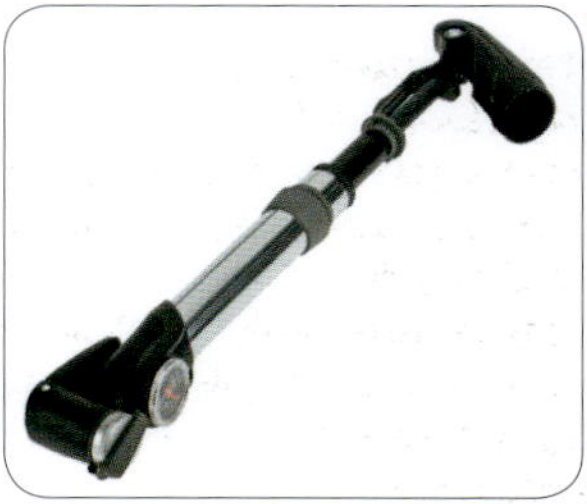

Bomba de presión

Para horquillas y basculantes de suspensión de aire se necesita una bomba especial. Debe tener una válvula desconectable para poder comprobar la presión con la bomba enroscada. Cualquier contratiempo con la válvula abierta puede destrozar la bomba.

Sopesar con realismo: ¿Contra qué me debo preparar?

Las averías en ruta nunca surgen de golpe y porrazo. El mantenimiento escaso y el desgaste de las piezas, daños anteriores pasados por alto o una repentina caída, son las causas más frecuentes de las averías. Hoy en día la tecnología ciclista en una MB de primera calidad está suficientemente contrastada, a prueba casi absoluta de fallos. Pero, sobre todo en recorridos largos o de varios días de duración, llevar consigo lo necesario para una reparación de urgencia siempre le aportará buenas sensaciones.
¡Mejor para usted si no tiene que recurrir a sus «salvadores» para volver a casa!

Recipientes para piezas pequeñas

El recipiente de unos chicles o de unas pastillas le permitirá guardar piezas de pequeño tamaño: cabecillas de radios, tornillos o zapatas de freno. Por la parte exterior del recipiente puede enrollar algunos metros de cinta adhesiva para tenerla siempre a mano.

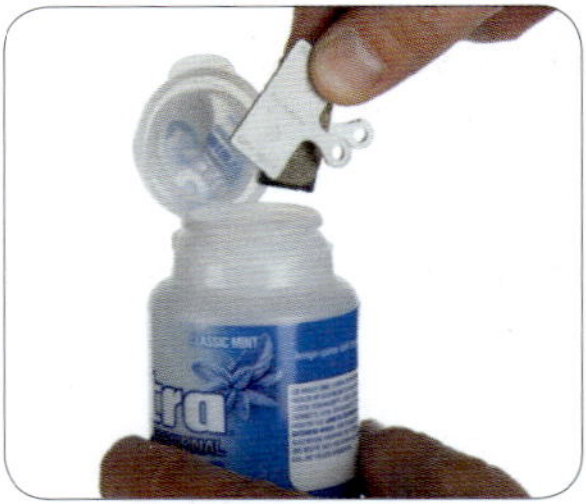

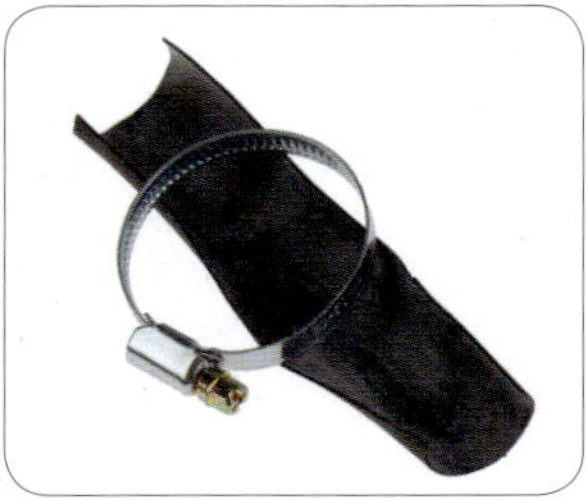

Salvamento de emergencia para la suspensión

Si se escapa todo el aire de la horquilla, la MB se hunde. Envuélvalo cuidadosamente con un trozo de cámara sujeto por dos abrazaderas y podrá reparar de urgencia una horquilla de suspensión defectuosa, un amortiguador o una tija telescópica, a base de fijar sus partes móviles.

Llevar radios de repuesto
Unos radios de repuesto adecuados pueden pegarse sin problemas con cinta adhesiva en el basculante de la MB. De esa forma no se torcerán, ni pincharán el contenido de la mochila.

Utilizar varias veces las bridas
Una brida se puede abrir varias veces para volver a utilizarla tan solo levantando con una cuchilla puntiaguda la pequeña pestaña en la carcasa del trinquete.

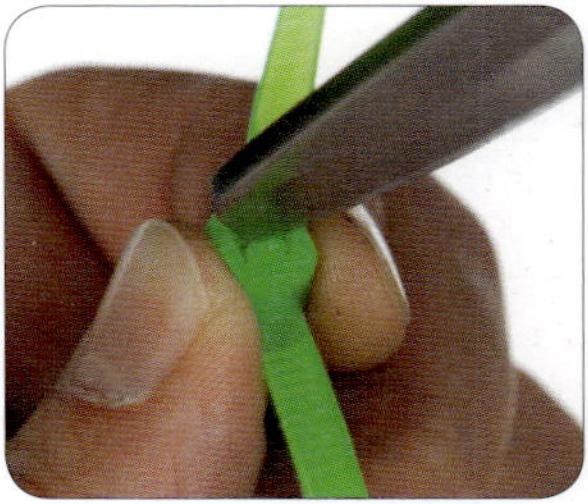

Lavar las manos sin agua
Después de una reparación, los dedos siempre quedan sucios. Una pasta limpiamanos servirá para eliminar la grasa, el aceite y la porquería sin necesidad de agua. El tubito de pasta se puede llevar muy bien en cualquier bolsa de herramientas.

Poner la bicicleta boca abajo
Para una reparación en ruta, coloque la MB boca abajo apoyándola en el sillín y el manillar. Utilice, en la medida de lo posible, un terreno llano, estable y limpio. Antes de empezar retire el GPS o cualquier otro aparato análogo.

Proteger el manillar por debajo
Ponga debajo del manillar un guante de ciclismo, una bolsa de plástico, o incluso un periódico: así impedirá que el manillar o el puño se ensucien o arañen al contacto con el suelo.

Proteger las manos
Le recomendamos que entre las herramientas de su salida cuente con un paquete de guantes desechables (a la venta en droguerías). Póngase uno si debe trabajar con la cadena o los piñones.

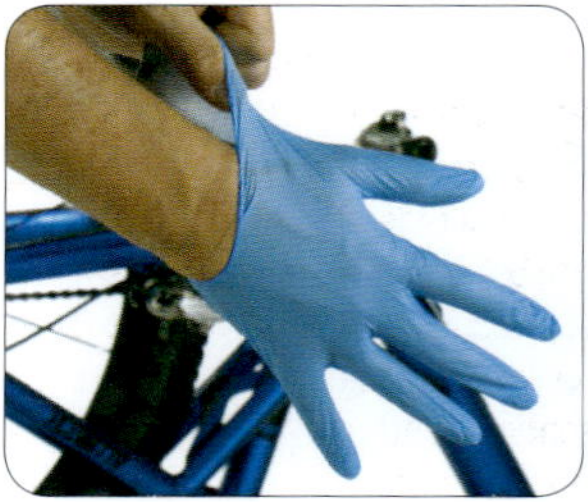

Así se pone boca abajo la bicicleta

Colóquese al lado de la mountain bike. Inclínese sobre el tubo superior del cuadro y agarre desde fuera, por la zona media, en el centro del tirante del sillín y la horquilla.

Aprovechar la fuerza de la gravedad

Al enderezarse, la MB girará, casi por sí sola, alrededor de su eje longitudinal. Usted mantenga el peso cerca de su centro de gravedad y la maniobra no le dañará la espalda. El giro en sentido contrario funciona también sin problemas.

SHIMANO

Cadena caída en las bielas

Si al hacer un cambio de marcha se sale la cadena y cae entre las bielas, usted lo oirá y, de inmediato, debe echar pie a tierra. En caso contrario, existe el peligro de que la cadena se atasque o incluso se rompa. La causa suele ser el desajuste en el interior del tope del desviador delantero.

Sacar de las bielas

Levante la bici por el sillín para que la rueda trasera pueda girar libremente. Pulse la palanca izquierda del cambio y manténgala apretada. Pedalee con un pie, con mucha precaución, hasta que la cadena vuelva de nuevo al plato.

Colocar con la mano

Ponga la mountain bike boca abajo. Ajuste la marcha en la maneta del desviador delantero. Agarre la cadena suelta por la parte superior en el sentido que marca el desviador trasero. Tire después un poco y saque cuidadosamente la cadena de las bielas para colocarla en un plato.

Cadena atascada en la parte delantera

En bielas Shimano-Hollowtech se puede usar una llave Allen de 5 mm para abrir la fijación de la biela por el lado contrario al de los platos. Afloje cuidadosamente ambos tornillos dándoles media vuelta de forma alterna.

Retirar los tornillos de estrella

Con muchas de las herramientas se pueden aflojar los tornillos de estrella que estén firmemente sujetos. Luego, levante la pequeña arandela situada donde se aprietan los tornillos. Con ello, la biela izquierda se puede separar algunos milímetros del árbol del eje.

Desplazar la biela del plato

Apriete ahora un poco el eje del pedalier hacia el lado de los platos. Así ganará espacio para retirar la cadena atascada. Sujete de nuevo la biela siguiendo el orden contrario al seguido para desmontarla. ¡Siempre debe apretar los tornillos de forma alterna!

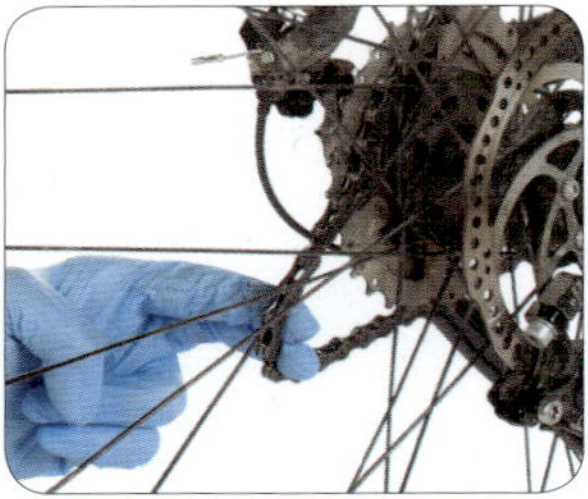

Cadena caída atrás

Una pulsación errónea del cambio puede hacer que la cadena caiga entre el piñón grande y los radios. ¡Eche pie a tierra nada más oírlo! Si le es posible, tire hacia atrás de la cadena con la mano desde la zona atascada y muévala muy despacio hasta volver a colocarla.

Presionar los radios

Si la cadena sigue atascada, apoye la bicicleta de lado sobre el suelo. Pise con mucho cuidado en el cruce de cada pareja de radios y presiónelos al tiempo que va separando la cadena con la mano, eslabón a eslabón.

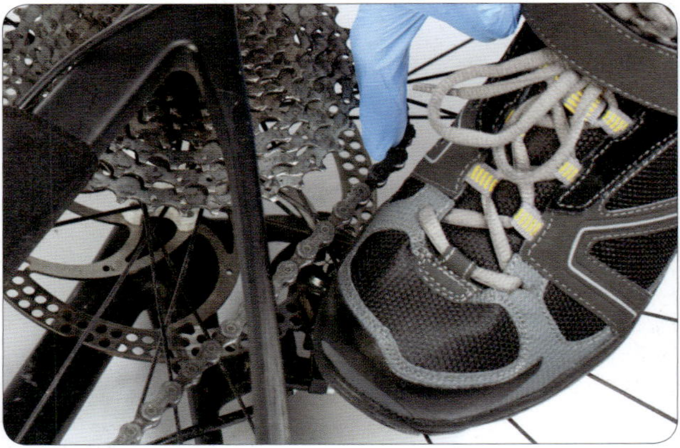

La cadena se encaja

Puede ocurrir que, después de un cambio, la cadena salte a la punta de los dientes del plato interior y se deslice entre ellos. Afloje la tensión del cable de la palanca del cambio a base de uno o dos cuartos de vuelta del tornillo de ajuste.

Eslabón bloqueado

El óxido en la cadena o un pasador averiado pueden hacer que un eslabón se quede bloqueado. Durante la marcha, la cadena da saltos y no se puede cambiar con limpieza. Lo mejor es descubrir la zona bloqueada en la ruedecilla del cambio trasero.

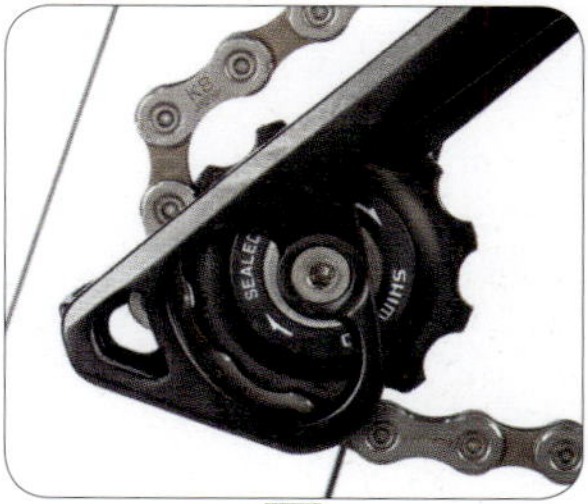

Sujete la cadena con ambas manos a los lados de la zona de bloqueo. Ahora, con mucho cuidado, doble de un lado a otro hasta que se recupere la normalidad. También es útil una gota de aceite. En caso de utilizar alicates, proteja la boca del mismo con un trapo para no dañar los pasadores.

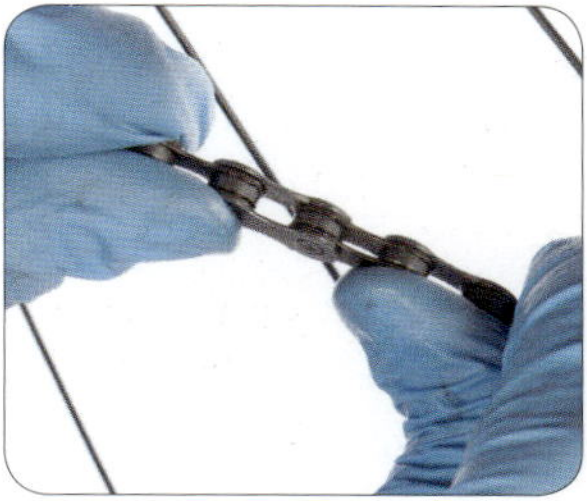

Desviador trasero partido

Si el desviador trasero se rompe por completo, la zona afectada suele estar directamente en la patilla del cambio: es un punto de rotura controlado que sirve para impedir daños en el cuadro. Monte una patilla de repuesto adecuada que debe haber pedido previamente al fabricante de la MB.

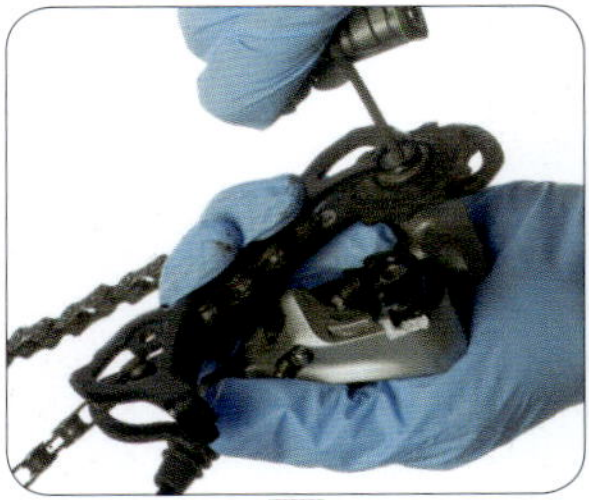

Continuar el viaje con una sola marcha

Si se rompe la patilla del cambio y no se dispone de repuesto, solo cabe recurrir a esta solución de emergencia. Esto funciona correctamente solo en una MB Hardtail. En las dobles, lo primero que debe hacer es activar el bloqueo del amortiguador y probar si de esa forma la cinemática del basculante se recompone por sí sola.

Abra la cadena y saque completamente el desviador trasero defectuoso. Corte la cadena y fíjela de forma que se ajuste a la topografía del recorrido, que quede lo más parecido posible a una transmisión universal sin posibilidad de cambio: en general, siempre es mejor que la transmisión sea algo dura que demasiado ligera. La cadena no debe discurrir oblicua sino recta. ¡Pedalee con mucho cuidado!

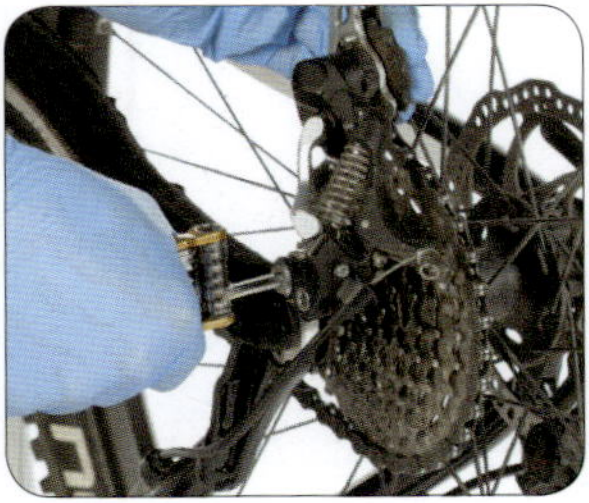

Patilla del cambio torcida
Si la cadena salta a pesar de estar perfectamente ajustada, suele ocurrir que la patilla del cambio esté torcida. Coloque la llave Allen de 5 mm sobre el tornillo de fijación del desviador trasero y enderece con mucho cuidado el desviador. Precaución: el aluminio es frágil y se parte con facilidad.

Ajustar la patilla del cambio
Primero, separe del cambio el trozo del desviador trasero y luego el resto de la patilla del cambio. En algunos casos deberá sujetar por dentro un manguito roscado. Monte primero en el cuadro la patilla de repuesto y luego, el desviador trasero.

Los piñones giran en vacío
Si se parten los trinquetes de retención yendo a piñón libre, enhebre varias bridas entre las muescas de los piñones grandes y los cruces de los radios. Podrá seguir camino, aunque con mucha precaución. ¡Cuidado: las bielas ahora ya no girarán a piñón libre!

Aflojar el cable del cambio

Cambie al plato grande delante y al piñón pequeño detrás. Gire el tornillo del cable de cambio en la maneta hasta la mitad de su recorrido. Afloje el tornillo de fijación del cable de cambio en el desviador trasero.

Ajustar el tope externo

Ahora, el desviador trasero está totalmente destensado. Las ruedecillas del cambio deben caer exactamente en la mitad por debajo del piñón pequeño. Asegure esta posición básica atornillando con mucha precaución el tornillo de tope externo marcado con «H» (High).

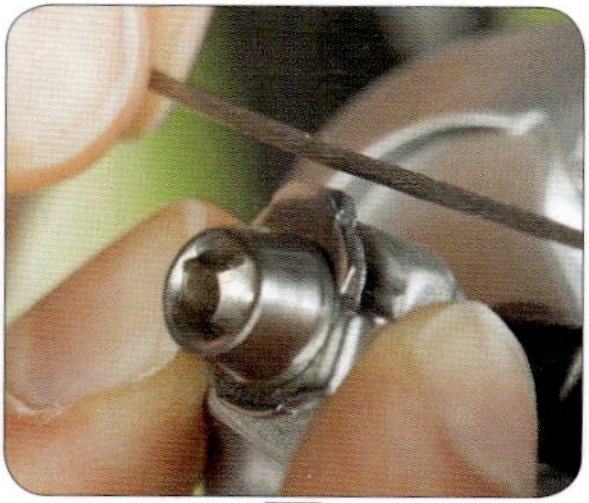

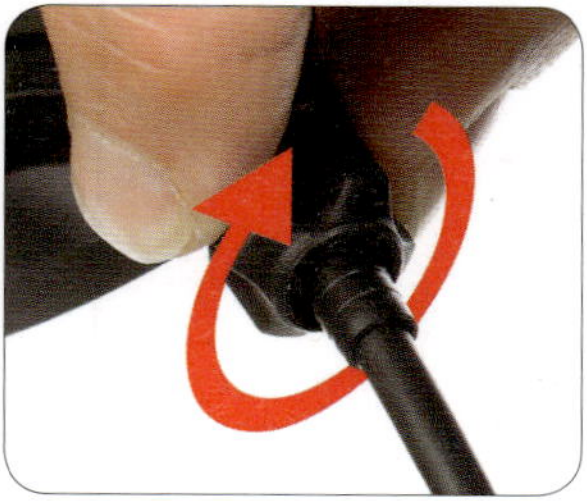

Sujetar de nuevo un cable de cambio

Preocúpese de que todas las fundas del cable estén correctamente colocadas en el cuadro. Tire firmemente del cable del cambio y ajústelo de nuevo. Precaución: el cable debe correr exactamente por la ranura del tornillo de fijación; en caso contrario, el cambio no funcionará correctamente.

Ajustar el tope interno

Cambie al piñón más grande (y el plato más pequeño). También aquí las ruedecillas del cambio deben caer exactamente por debajo del piñón ya que, en caso contrario, la cadena se caerá hacia dentro. Fije esta posición girando el tornillo marcado con «L» (Low).

Cambie las marchas una a una. Observe que los cambios sean limpios y sin ruidos. Regule después de forma precisa el tornillo de ajuste del desviador trasero a base de darle cuartos de vuelta hasta llegar a la perfección. Si lo gira en el sentido de las agujas del reloj, aflojará el cable y el desviador trasero se desplazará hacia fuera.

La posición básica

Primero, cambie atrás al piñón más grande y luego, delante, al plato más pequeño e interior. De esa forma el cable del cambio delantero queda totalmente destensado. Afloje ahora el tornillo de fijación del cable de cambio. El desviador delantero está situado junto al tope interno.

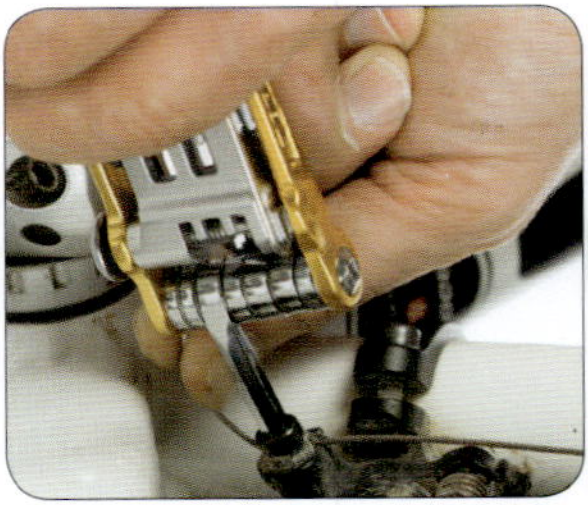

Ajustar el tope interno

Ajuste la jaula del desviador delantero, a base de giros muy prudentes del tornillo «L», hacia el tope interno, de forma que la cadena no se toque con la placa guía interior de la jaula. No se debe oír ningún roce.

Sujetar de nuevo un cable de cambio

Preocúpese de que todas las fundas del cable estén correctamente colocadas en el cuadro. Tire firmemente del cable del cambio y ajústelo de nuevo. Precaución: el cable debe correr exactamente por debajo del tornillo en su ranura de la zona de fijación.

Ajustar el tope externo

Cambie al plato más grande (y al piñón interior más pequeño). También aquí la placa guía exterior de la jaula de la cadena debe hacer que la cadena no roce. Ajuste esta posición a base de girar el tornillo marcado con una «H».

Cambie las marchas una a una. Observe que los cambios sean limpios y precisos. Después, regule la precisión del tornillo de ajuste en el cable de cambio a base de darle cuartos de vuelta hasta llegar a la perfección. Si lo gira en sentido contrario a las agujas del reloj, tensará el cable y el desviador delantero se desplazará hacia fuera.

Reparar la cadena Shimano con pin conector
Coloque el pin conector por delante y detrás del punto dañado, y presiónelo hacia dentro de la cadena. Retire siempre una presilla interior y exterior de forma que la conexión se ajuste de nuevo. El cambio funcionará también con algunos eslabones menos y será el desviador trasero el que compense la diferencia.

Ruidos de cadena como indicador
La cadena debe hacer su recorrido sin ningún ruido. Si traquetea, lo primero que usted debe hacer es reajustar la longitud del cable en el tornillo de ajuste de la maneta del cambio. Gire siempre solo un cuarto de vuelta y escuche si el ruido ha desaparecido. Los dos desviadores han sido desplazados hacia fuera o hacia dentro por un resorte interior. El cable del cambio establece, por tanto, un contrapeso. El giro inverso a las agujas del reloj tensa el cable y la funda. Así se compensa también el progresivo alargamiento debido al roce y al paso del tiempo.

Presilla exterior e interior

Retire el eslabón de la cadena defectuoso, de tal forma que la cadena termine con una presilla interior y una exterior. Introduzca los dos extremos uno dentro de otro.

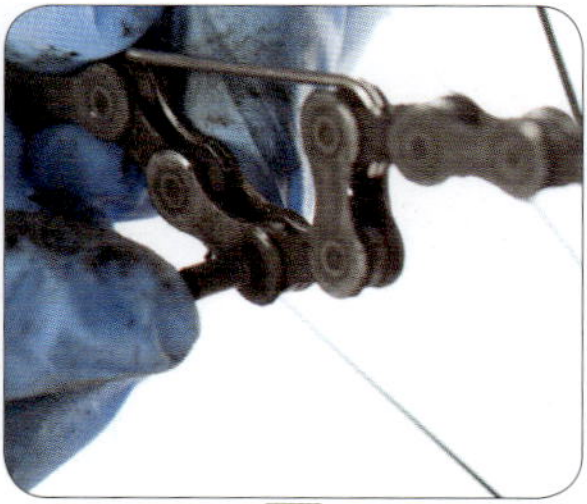

Presionar el pin conector

Coloque en la abertura el pin conector adecuado primero con la parte puntiaguda por fuera de la abertura. Coloque el conector completamente abierto y apriételo sin que haya ningún tipo de desplazamiento; observará cómo se encaja de forma palpable en su posición final.

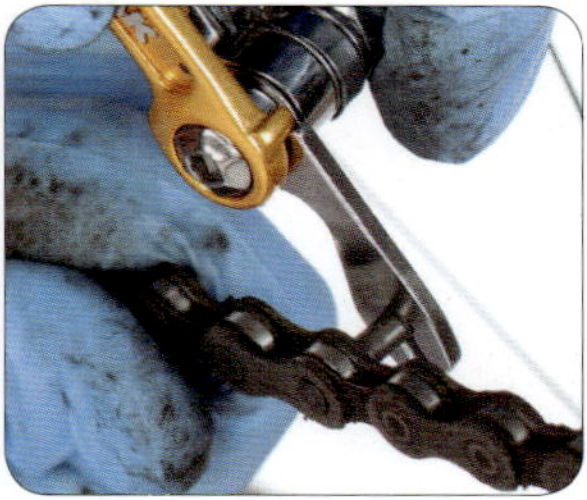

Romper el pasador guía

Compruebe si el punto de remache se mueve libremente y que ambas presillas externas estén totalmente en paralelo. Rompa entonces con la herramienta o con unas tenazas la parte sobresaliente del pasador guía en su zona de rotura.

Un eslabón de cierre que soluciona problemas
Existen eslabones de cierre adecuados para todas las cadenas (de distintos anchos) de 8 a 11 marchas. En ocasiones, estos eslabones se pueden utilizar varias veces. Sin embargo, su bajo precio y el peligro de rotura del mecanismo desaconsejan su reutilización. Los eslabones de cierre Sram, Wippermann o KMC también se ajustan sin problemas a las cadenas Shimano.

Reparación con cadena cerrada: sacar un eslabón defectuoso

Si usted une su cadena por medio de un eslabón de cierre, la cadena debe finalizar con dos presillas internas. El eslabón de cierre forma las presillas externas. Consejo: la abrazadera de alambre de la miniherramienta mantiene unidos los extremos sueltos de la cadena.

Ajustar el eslabón de cierre

Mantenga ambos finales uno al lado del otro y coloque los pasadores de cada mitad en las presillas internas. Introduzca después las contrapresillas una dentro de la otra y tenga muy en cuenta que las ranuras de ambos pasadores se asienten perfectamente en su alojamiento.

Cerrar el eslabón

Tire de los dos extremos de la cadena y gire la unión en el centro superior de la cadena, entre la biela y la rueda trasera. Con el freno echado, active con fuerza una vez el pedal y el eslabón se encajará de forma segura.

Cable del cambio roto

Afloje un cuarto de vuelta el tornillo de cierre del cable situado en la palanca del cambio. Se encuentra alojado justo debajo de las palancas de tecla. Cambie al piñón más pequeño. Ahora saque el resto del cable de la palanca del cambio. Meta el extremo del cable con la boquilla en sentido contrario al de la marcha, por el desviador trasero, de forma que la boquilla quede anclada en la entrada del cable del desviador. Desplace a mano el cuadro del cambio y atornille el extremo suelto de forma que la cadena quede sobre un piñón adecuado. Corte el cable sobrante. De esta forma, usted podrá, a base de desplazar los tornillos, cambiar de marcha tanto como desee. Según sea su sentido, esto también funciona con el desviador delantero.

Atornillar el cable de cambio

Si el cable de cambio está rasgado, puede fijarlo por abajo a algún tornillo del cuadro (portabidones, etc.), de tal forma que el cambio tenga una marcha que funcione.

Utilizar una clema

Con una clema aislante se pueden remendar los extremos de un cable Bowden roto. Estire el largo de cable que falta para llegar al prisionero del cambio. ¡Cuidado: las fuerzas de tracción demasiado elevadas (cable de freno) no soportan esta reparación!

Utilizar tornillos de tope

Si se rompe el cable de cambio, también puede utilizar los tornillos «H» y «L» del cambio para colocar la cadena en dos marchas que sean adecuadas para continuar la ruta.

Biela suelta /tornillo central

Si la biela está suelta en su eje, apriete de nuevo los tornillos centrales de fijación en el ojo de la biela con una llave Allen de 8 mm. Cuidado: con la palanca corta de una miniherramienta no se consigue alcanzar la torsión necesaria. En casa deberá volver a apretarlo con una llave más larga.

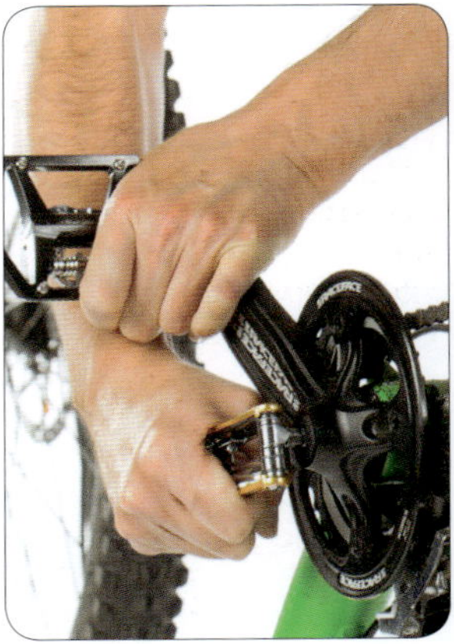

Biela suelta/Shimano Hollowtech II

Suelte primero de forma alternativa los dos tornillos Allen situados uno enfrente del otro de la biela izquierda.

Fijar la biela

Apriete los tornillos de estrella con varias de las herramientas para fijar la biela al tope del eje. A continuación, cierre los prisioneros.

Plato flojo
Si los tornillos se sueltan, es posible que la cadena se salga. Compruebe todos los tornillos y apriételos en cruz. Oponga resistencia con el dedo en la parte interna de las roscas que estén sueltas. Algunos fabricantes utilizan aquí tornillos Torx.

Dientes doblados
Si los dientes del plato se han doblado por el uso, se enganchan en la cadena. Tuerza con los alicates la punta del diente defectuoso o, en caso necesario, rómpalo. Solo de esa forma la cadena volverá a correr por el plato.

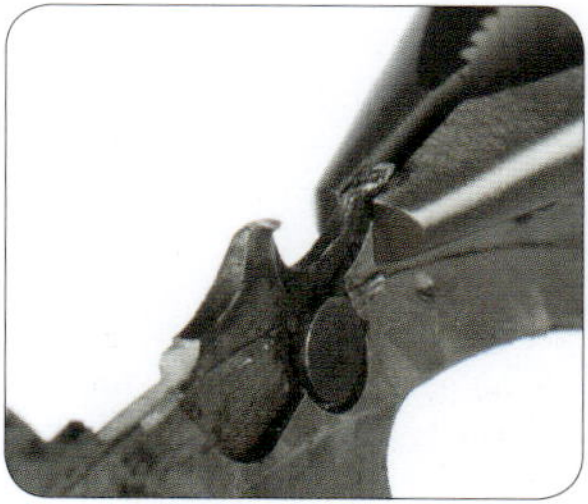

Arreglar la rosca del pedal
Si pedalea con una rosca de pedal suelta, acabará por destrozarla. Coloque dos trozos de cinta aislante delgada de PVC alrededor de la rosca y vuelva a enroscarla en el lugar dañado.

uvex
CAMELBAK
Roeckl

Desmontar la cubierta a mano

Con la rueda quitada, apriete por la parte inferior en dos puntos cercanos de la cubierta hasta llegar a la cuna de la llanta. Saque hacia arriba la cubierta. La mayoría de las veces se puede sacar a mano una parte del neumático, por encima del borde de la llanta.

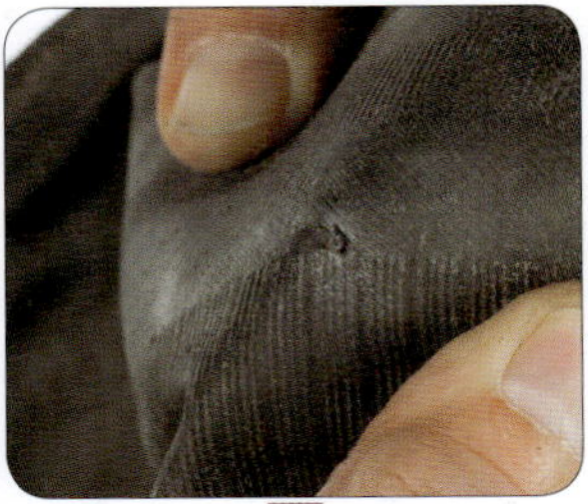

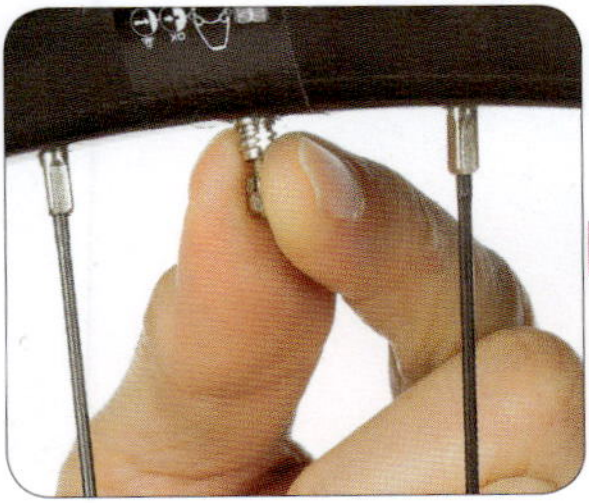

De forma alterna, también se pueden utilizar desmontables. Utilice los de plástico para no rayar los bordes de la llanta. Afloje la tuerca de la válvula y saque la cámara estropeada. Compruebe con cuidado la superficie interior de la cubierta para comprobar si la causa de la avería sigue estando allí. Después, coloque en la llanta la cámara de repuesto ligeramente hinchada, comenzando por la válvula. La cámara debe estar dentro de la cubierta sin ninguna tensión ni dobleces. Vaya presionando poco a poco los flancos de la cubierta a través del borde de la llanta. Para los últimos centímetros utilice el desmontable. ¡No permita que la cámara quede pillada! Infle de nuevo hasta alcanzar la presión.

Encontrar el pinchazo

Para poder poner un parche es necesario localizar exactamente el punto de escape del aire. Hinche la cámara y vaya pasando la mejilla por ella. En el lugar del pinchazo podrá notar y escuchar un ligero soplo. También puede servir de ayuda el agua del bidón.

Aplicar el pegamento vulcanizado

Use la lija del set de parches para raspar la cámara alrededor del pinchazo, al menos al tamaño del parche. Extienda el pegamento sobre la zona lijada y deje que se seque al menos durante 5 minutos.

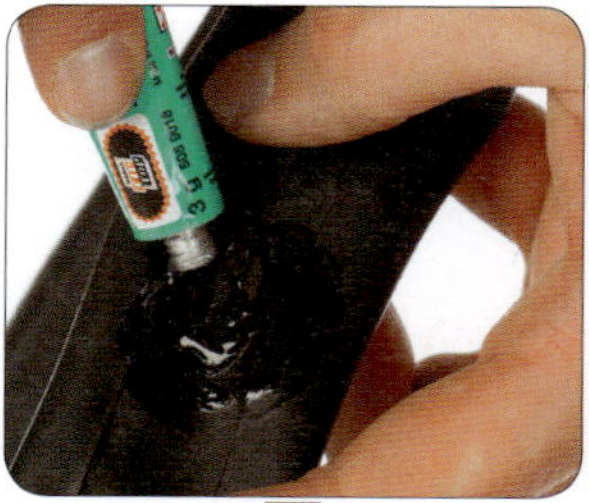

Colocar el parche

Retire el papel de aluminio del parche adecuado y colóquelo centrado sobre el pinchazo. Presione bien. Coloque el punto del pinchazo sobre una superficie lisa, como, por ejemplo, el tubo del manillar, y utilice un desmontable para apretar el parche.

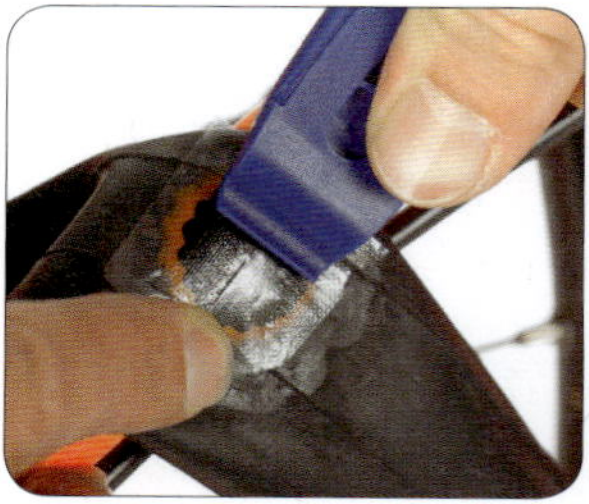

Anudar la cámara

Si no dispone de parches ni de una cámara de repuesto, también puede cortar la cámara en el lugar del pinchazo y, posteriormente, anudar ambos finales.

Unir la cámara

También con las bridas se puede utilizar de nuevo una cámara pinchada. Doble primero varias veces los extremos cortados.

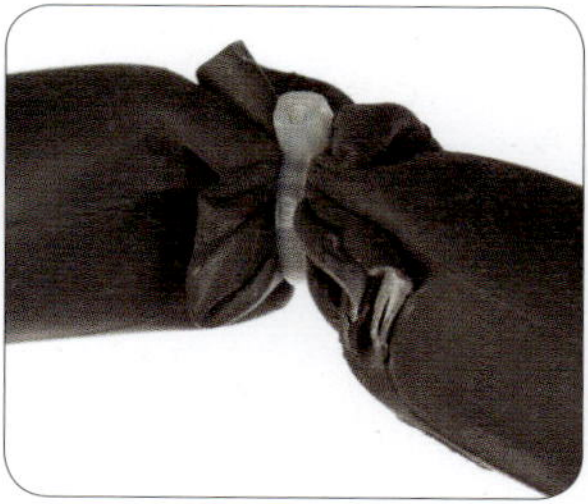

Apretar la pieza de la válvula

En las válvulas Schrader se puede aflojar la pieza; gírela con unas tenazas por su parte plana y apriétela.

Válvula torcida

Una válvula torcida puede romperse al frenar. Por tanto, saque el aire, vuelva a colocar la cámara y la válvula e infle de nuevo.

Coser un desgarro de la cubierta

Un desgarro en la cubierta se puede coser con hilo y aguja. Así no se saldrá la cámara.

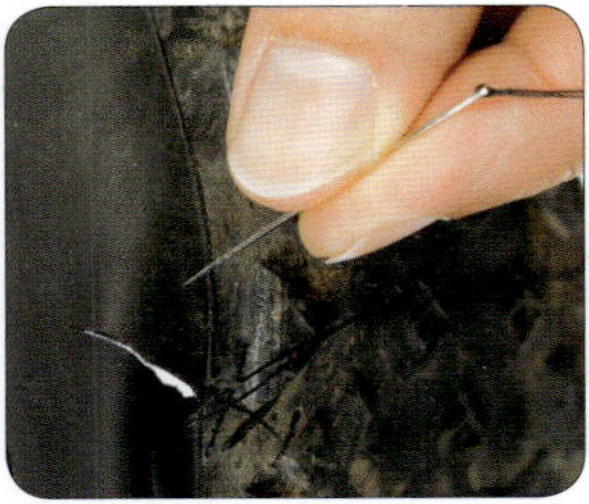

Cubrir un desgarro de la cubierta

Con un material resistente, como por ejemplo, el papel de envoltura de una barrita energética, un trozo de bidón de plástico o un billete, usted podrá cubrir un desgarro de la cubierta.

Utilizar bridas

En unas ruedas lenticulares se pueden usar varias bridas para mantener unidas la llanta y la cubierta.

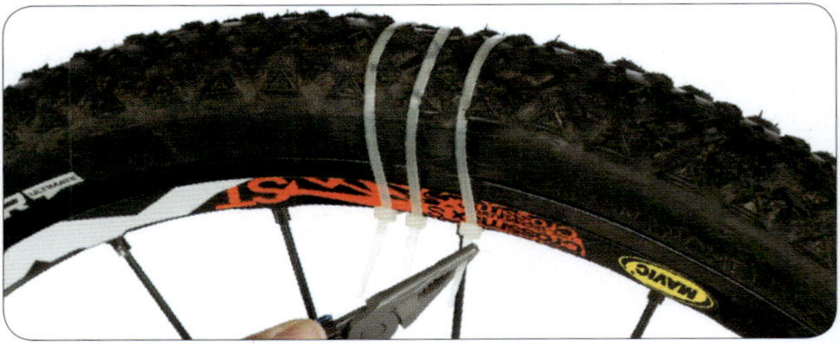

Hacer presión en los tubulares

Los tubulares se asientan de forma muy firme sobre el borde elevado de la cuna de la llanta. Antes de desmontar, debe presionar a mano los dos talones del neumático hacia el centro de la cuna de la llanta. Después, podrá sacar la cubierta, aunque la mayoría de las veces con la ayuda de desmontables.

Sacar la válvula

Para poder sacar la cámara, primero, hay que extraer la válvula del tubular. Por motivos de impermeabilidad, la mayoría de las veces está unida a la llanta de un tornillo moleteado y una junta tórica. Quite este tornillo con unas tenazas.

Colocar la cámara

Abra parcialmente el tubular pinchado. Deje fluir el líquido antipinchazos. Hinche la cámara de repuesto, introdúzcala dentro y cierre la cubierta. Para que el neumático se asiente perfectamente precisará de una sobrepresión.

Montar correctamente el eje

Si la bicicleta se frena, primero debe comprobar que el eje esté bien asentado, correctamente colocado y carente de daños. Abra el eje de la rueda y enderece la bicicleta. Cierre el eje de forma correcta. Después, la rueda girará perfectamente.

Usar correctamente el cierre rápido

A partir del último tercio de su recorrido, una palanca de cierre rápido debe absorber tanta potencia que haya que servirse de una intensa fuerza manual para empujarla hacia el tope del cuadro o la horquilla. ¡La palanca nunca debe dar con el disco del freno!

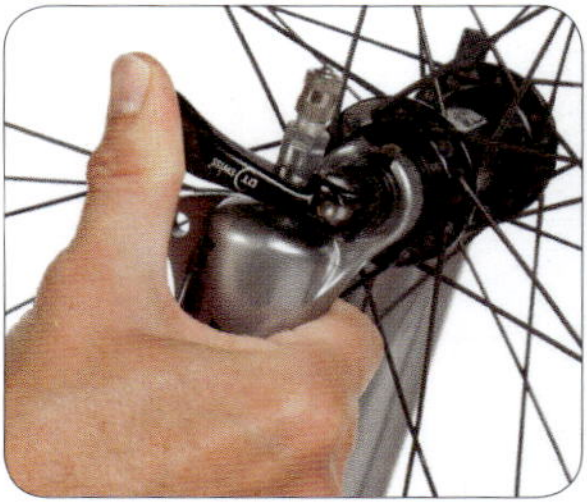

Golpe en la llanta/Frenos en V

Si una llanta desplazada roza con el freno, suelte el cable de freno en el tomillo de apertura rápida lo suficiente para que el roce no haga que la bicicleta se frene. Así podrá continuar la marcha, pero con sumo cuidado.

Centrar un golpe en la llanta

Puede localizar exactamente el golpe en la llanta a base de fijar una brida en el cuadro y hacer girar despacio la bicicleta.

Centrado

Si la llanta está deformada en un lado, deberá elevar la tensión de los radios en esta zona, de forma que tiren de la parte del buje situada enfrente. Eleve la tensión en varios pasos a base de dar medio giro en el centro de la zona del golpe y bájela donde ya no haya golpe.

Deje sin tocar la tensión de los radios en la parte del golpe. Así, solo se eleva la tensión en la rueda. Para no descentrar la rueda nunca hay que soltar los radios.

Quitar un radio defectuoso

Si un radio se rompe, suele ser por la cabeza o en la rosca. Quite inmediatamente el radio suelto del de la brida del buje para que no impida el giro de la rueda.

Fijar un radio partido

En el caso de una rotura en la parte del piñón de la rueda trasera, y en algunos sistemas de radios, se puede retirar el radio defectuoso sin utilizar ninguna herramienta. En estos casos enrolle el radio suelto alrededor del situado a su lado y fije el final suelto con una brida o un trozo de cinta aislante.

Tensar la cabecilla

Asiente con cuidado la herramienta y de un giro completo al cuadrado de la cabecilla. Atención: los radios deben apretarse alternativamente a ambos lados del buje. Gire solo en el sentido contrario a las agujas del reloj para elevar la tensión de un radio.

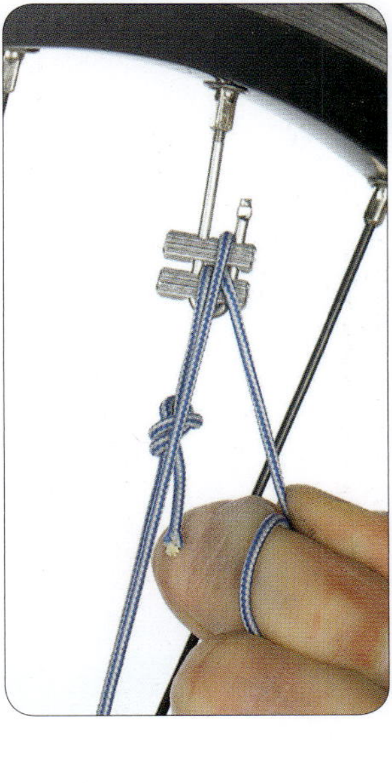

Radio de reparación

En caso de emergencia, un radio de reparación universal y variable, como por ejemplo el FiberFix, ayuda a estabilizar la tensión de los radios. Una cuerda de kevlar se encarga de que haya tensión en los radios rotos de las más variadas longitudes.

MALAYSIA
RESIN PAD ONLY

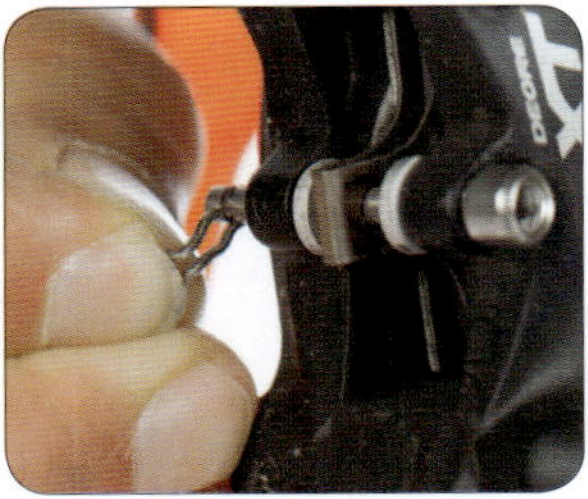

Cambiar la pastilla de disco
Para cambiar las pastillas de disco, primero, hay que retirar la protección de la pastilla. Normalmente, el tornillo de seguridad suele llevar una clavija o un muelle. Algunas pastillas se sujetan en los pistones solo a base de fuerza magnética.

Echar hacia atrás el pistón
Mantenga la pastilla antigua todavía en la pinza del freno y presione el pistón hasta que llegue a su posición cero. A modo de herramienta, utilice una palanca ancha sin ningún tipo de grasa. Atención: los pistones son, en parte, bastante frágiles (cerámica), nunca presione directamente contra el pistón.

Sacar la pastilla
Retire las dos pastillas antiguas junto al muelle de su alojamiento en la pinza del freno. Atención: en algunos fabricantes las pastillas deben retirarse en dirección al eje. ¡Tenga en cuenta la posición de montaje en caso de pastillas asimétricas!

Colocar el muelle de retroceso

La pareja de pastillas se centra en la pinza de frenado por medio de un muelle de retroceso. Coloque este muelle con cuidado y justo en el lugar entre las pastillas, creando con todo ello un paquete.

Cambiar delanteras por traseras
Si las pastillas de disco delanteras están totalmente gastadas, en caso de urgencia, puede llevar los frenos de la rueda trasera hacia delante.

Montar las pastillas

Empuje las pastillas nuevas, que ahora son más gruesas, entre los pistones echados hacia atrás. Si no hay espacio suficiente, presione de nuevo los pistones para separarlos. Tenga en cuenta que las superficies de las pastillas de freno deben estar totalmente limpias de grasa. Vuelva a colocar las clavijas o tornillo de seguridad. Tenga muy en cuenta el asiento correcto y la movilidad de las nuevas pastillas. Vuelva a montar la rueda y active un par de veces con fuerza la maneta de freno. Antes de continuar la marcha, pruebe los frenos; con las nuevas pastillas deberían realizar su trabajo de forma correcta.

Ajustar la pinza de freno

Suelte los dos tornillos que fijan la pinza de frenado o su adaptador directamente al cuadro, por ejemplo, media vuelta o una entera. La pinza de freno debe poder moverse a mano.

Mover una pinza suelta

Presione la pinza suelta contra el disco con algo de fuerza, de lado a lado, para colocar un poco hacia atrás las pastillas y el pistón. Con ello se hace algo de espacio para posicionar la pinza.

Frenar correctamente

En un lugar seguro, acelere hasta una velocidad de 30 km/h. Antes de detenerse por completo, frene. Repita la acción al menos 3 veces y de forma contundente. Con ello, la pastilla y el disco frenarán perfectamente.

Ajustar y fijar el freno

Accione varias veces la maneta de freno hasta el final: las pastillas se colocan pegadas al disco y con ello, la pinza va en paralelo al disco. Desenrosque a mano los tornillos de fijación y compruebe, con el freno abierto y al volver a accionar la maneta, si el freno funciona sin roces.

Si no lo hace, oriente las pastillas en paralelo al disco. Con el tornillo de sujeción ligeramente suelto y, a mano, mueva uniformemente la pinza del freno. Apriete con fuerza y de forma alternativa ambos tornillos. Vuelva a comprobar la funcionalidad y la ausencia de roces.

Pastilla cristalizada

Si las nuevas pastillas no frenan correctamente o rozan, es que la superficie de la pastilla está cristalizada: los efectos de frenado descienden drásticamente. Desmonte la pastilla y dele unas pasadas con papel de lija o directamente contra el asfalto.

Cuerpos extraños en las pastillas
Las piedras pequeñas alojadas entre la pastilla y el disco pueden comerse la pastilla. Al frenar se escuchan ruidos. En este caso, desmonte la pastilla y limpie perfectamente toda la superficie.

Disco torcido
Localice el punto torcido con la ayuda de la pinza de freno. Coloque el golpe justo delante de la pinza de frenado y bloquee allí el disco a base de accionar la maneta. Presione con la herramienta a modo de maneta contra el golpe y, con sumo cuidado, vuelva a poner el disco recto.

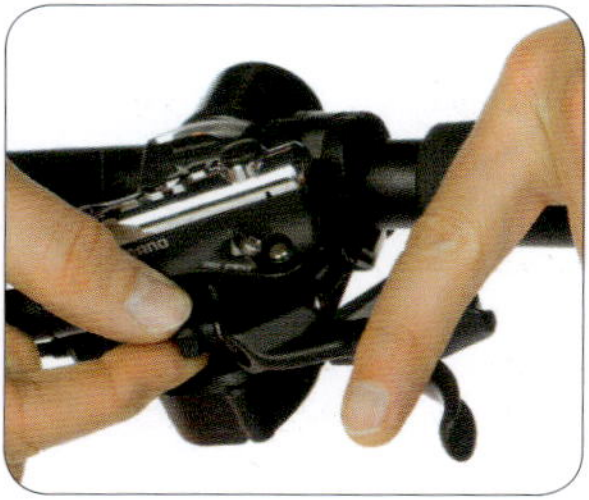

Ajustar el recorrido de la palanca
Si la palanca de freno se puede accionar hasta que toque el manillar, ¡es un síntoma de que la pastilla está gastada y de que usted no está aprovechando óptimamente la capacidad de frenada! Gradúe la anchura del puño de forma que pueda aprovechar hasta el final el recorrido de la palanca.

El freno ha dejado de funcionar

En salidas muy largas el freno se calienta, el líquido de freno llega a hervir y se forman burbujas en la conexión. Este efecto puede llegar hasta la rotura total del freno, quedando la maneta totalmente muerta. Esto afecta, sobre todo, a los frenos delanteros, que son los más requeridos. Comience a frenar con el trasero. Luego, ya solo queda una cosa: esperar y tomarse una cerveza. Después de enfriarse, el freno vuelve a funcionar como antes. Atención: nunca intente enfriar con agua un freno caliente, pues se pueden desplazar los discos.

Ajustar los frenos en V

En caso de defecto en un freno en V, gire el tornillo de ajuste en el cuerpo del freno algunas vueltas en sentido contrario a las agujas del reloj. Esto tensa tanto la funda como el cable. Valor indicativo: la maneta de freno no debe poder llegar hasta el manillar.

Alinear las zapatas del freno

Para obtener una fuerza óptima de frenado coloque las zapatas ligeramente en forma de V y, exactamente, a la mitad de la altura del flanco de la llanta. Sujete fuertemente con la mano la zapata a la hora de fijarla, de tal forma que no gire a la vez con el tornillo.

Alinear las zapatas en forma de V

Fije la alineación colocando una moneda de 1 céntimo debajo de extremo posterior (en el sentido de la marcha) de la zapata. De esa forma, la zapata no chirriará al accionar la palanca, primero, delante y luego, con toda su superficie en el flanco del freno.

Zapata desgastada
En caso de mal tiempo y de recorridos largos, las zapatas se desgastan de repente. Si no tiene repuesto, puede cambiar la delantera por la trasera: el freno delantero tiene un 70% del trabajo de frenado y el trasero, un 30%.

Eliminar cuerpos extraños
Las virutas de aluminio o las piedrecitas pueden devorar la goma del freno. Si el freno hace ruido, elimine con una cuchilla los cuerpos extraños que pudiera tener la zapata.

Limpiar la llanta
Cada frenada de un freno de llanta arrastra material y alisa el flanco del freno. Después de conducir por una pista embarrada, limpie la llanta para volver a incrementar el poder de frenada. También es preciso eliminar cuidadosamente la grasa y el aceite.

ROCK
SHOX

SWISS

Daños en el cuadro

Una rotura de cuadro es un tema muy delicado. Una rotura o fisura suele significar parada inmediata. Esta afirmación es válida para todos los casos en que resulten afectadas partes fundamentales y relevantes para la seguridad: una rotura en la horquilla, la tija, la potencia y, casi siempre, también en el manillar, suponen el final del viaje. En el cuadro principal o en la horquilla trasera, donde se distribuyen las fuerzas por varios de los tubos, se puede hacer una especie de entablillado y reanudar el viaje (con mucho cuidado).

Nunca hay que continuar el recorrido si se rompe:

- La horquilla
- La potencia
- La tija

Se puede preparar eventualmente una férula para:

- El tubo de asiento/la caja del pedalier
- Las vainas y tirantes traseros

Zonas con peligro de rotura:

- Tubos, cerca de soldaduras
- Juntas donde se acumulan fuerzas procedentes de distintas direcciones: horquilla, tubo superior, inferior y de dirección; vaina trasera cerca del disco, tirantes traseros; tubo de asiento/caja del pedalier y tija.

Localizar daños

Después de cualquier caída hay que investigar meticulosamente los daños sufridos en el cuadro, horquilla, manillar, asiento y tija. Las abolladuras sin filos no son ningún problema en tanto que no muestren fisuras o roturas. El aluminio es frágil y se puede romper sin previo aviso.

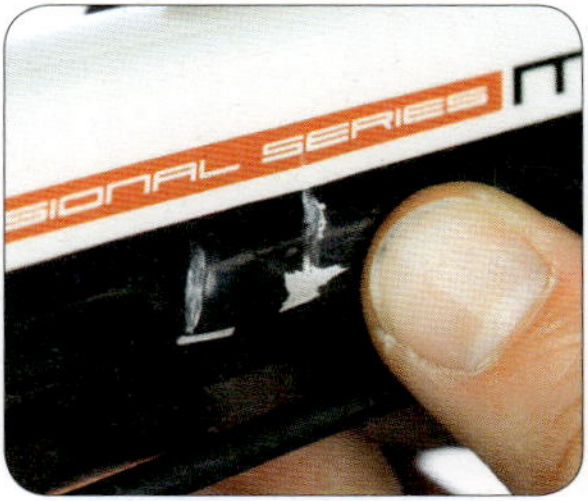

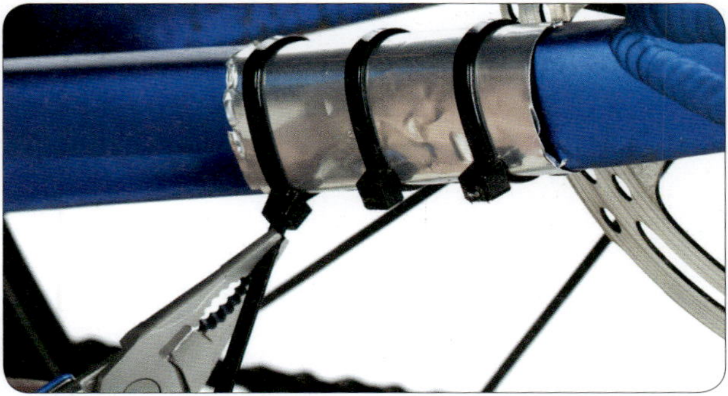

Preparar una férula

Corte un tira de aluminio de una lata de refresco. Envuelva con ella, todo lo fuerte que pueda, la zona de la rotura, y fíjela con bridas y cinta aislante. Cuanto más, mejor. Reanude la marcha con mucha precaución. Controle la zona afectada y sus proximidades por si apareciera alguna nueva fisura en otro sitio.

¡Atención!

Después de cualquier caída o choque, revise especialmente la horquilla y el manillar en el lugar del golpe en busca de fisuras o roturas. ¡Puede que después no pueda seguir su camino! ¡En estos casos acecha un peligro muy grave, incluso mortal!

Fijar una horquilla sin aire

Envuelva la pletina y el puente de la horquilla con una correa o cinturón. Esto altera también la forma de conducir. Pero, de esa forma, las dos partes de la horquilla ya no podrán moverse una contra otra. ¡Conduzca con mucho cuidado!

Abrazaderas

Si la horquilla o el amortiguador trasero han perdido mucha presión de aire (por ejemplo, por defecto de la junta), la bici se hundirá notablemente y los muelles se romperán.

Coloque un trozo de cámara de bicicleta, o algo parecido, alrededor de ambos tubos verticales o de los émbolos de amortiguación, y atornille firmemente unas abrazaderas de goma, de las habituales en el comercio, alrededor de la zona. De esa forma, ni la horquilla ni el émbolo se volverán a hundir. Al reanudar el viaje no cargue todo su peso corporal en el chasis de la bicicleta, sino en las rodillas y los codos. Esta reparación de emergencia es también adecuada para tijas telescópicas defectuosas.

Ajustar horquilla nueva

Así se ajusta la horquilla de suspensión: deje salir todo el aire por la válvula. Empuje totalmente hacia abajo, a lo largo del tubo vertical, el anillo de goma. Enrosque la bomba a la válvula y comience a hinchar.

El sag: 1/3 a 1/4 del recorrido del muelle

Separe la bomba de la válvula. Póngase de pie y apóyese con todo su peso sobre la bicicleta. Ajuste la presión de forma que, con solo su peso corporal, la horquilla absorba entre 1/3 (suspensión flexible) o 1/4 (suspensión rígida) del recorrido del muelle.

Ajustar la amortiguación

Comprima la horquilla con todo su peso corporal y luego, suéltela de golpe: la rueda delantera no debe despegarse del suelo. Regule la velocidad de amortiguación punto a punto con el botón rojo (siempre el rojo) de la parte inferior de la horquilla.

Ajustar de nuevo el amortiguador

Haga lo mismo que para la horquilla: deje salir todo el aire, empuje hacia abajo el anillo de goma o junta tórica y vuelva a hinchar. Montando con mucho cuidado, determine el sag deseado (1/3 flexible, 1/4 rígida). Al comprimirse, la junta de goma nunca debe quedar deformada.

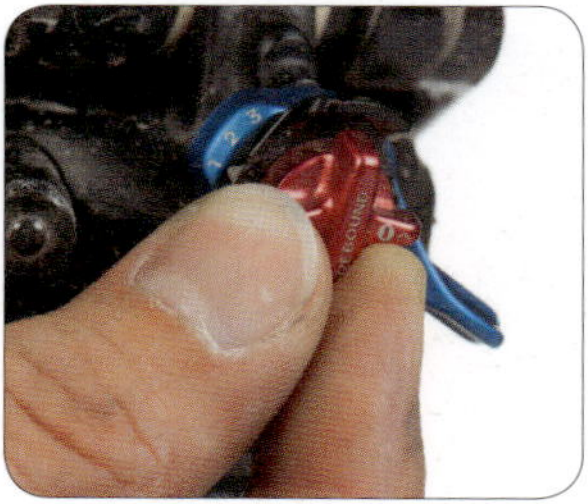

Ajustar la amortiguación

Aquí es también el botón rojo el que regula la velocidad de amortiguación. En la mayoría de los casos, lo mejor es «totalmente abierto» por ser la posición más efectiva. La posición «totalmente cerrado» bloquea el amortiguador.

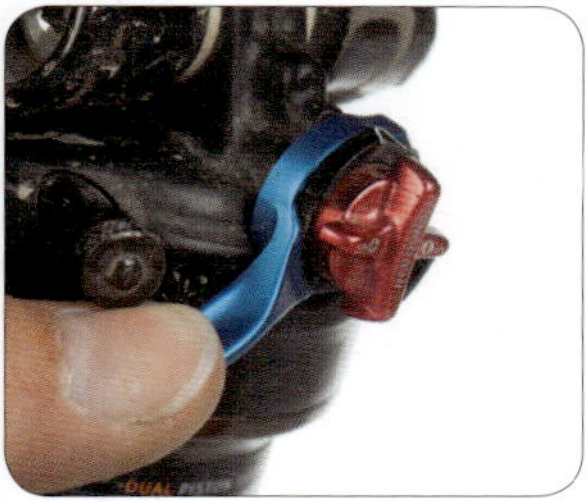

Lock Out/Plataforma

Algunos amortiguadores permiten regular la sensibilidad de la respuesta. La palanca suele ser azul. Usted puede regularla a su gusto entre «abierto» y «cerrado» (*lockout*). ¡Atención: es frecuente olvidar que hay que abrir el amortiguador cerrado por ir cuesta arriba para continuar la marcha!

Rodamientos de dirección flojos
Si hacia delante y hacia atrás la horquilla se mueve, puede que haya rodamientos sueltos. Afloje los tornillos de fijación de la potencia en el cuello de la horquilla, de forma que la potencia gire con facilidad.

Ajustar el rodamiento
Incremente la tensión en el tornillo vertical de la tapa de la potencia hasta que el juego del anillo del rodamiento en el tubo de dirección sea nulo. Apriete este tornillo siempre con prudencia, porque tira de la horquilla contra la tapa de la potencia y, por tanto, de los rodamientos de bolas de la dirección.

Comprobar el juego
Colóquese junto a la bici y, con el freno delantero apretado, empújela con fuerza hacia delante y detrás. Los dedos, que deberá tener colocados en la rendija inferior del rodamiento, no deben detectar ningún movimiento en ella.

Fijar la potencia

Una vez que la dirección no tenga holgura, apriete de forma alternativa, y con prudencia, ambos tornillos. Hay unos límites del momento de giro que pueden quedar perjudicados por un excesivo par de apriete.

¿El manillar gira libremente?

Compruebe si el manillar gira libremente, tanto a la derecha como a la izquierda, y si puede torcerlo con suavidad. En el caso de haber apretado la dirección en exceso, notará dificultad para girar el manillar. Si es el caso, afloje los tornillos.

Chequeo del giro

Para finalizar, y antes de ponerse en viaje: ¡Compruebe el ajuste de la potencia! Sujete la rueda delantera con ambas rodillas e intente torcer con fuerza el manillar. La potencia no debe girar.

Enderezar el manillar después de una caída

Es frecuente que después de una caída la potencia y el manillar se giren por el cuello de la horquilla. Primero, compruebe la integridad de todas esas partes. Afloje algunas vueltas los tornillos de fijación de la potencia. Coloque ahora el manillar exactamente en el sentido de la marcha. Apriete de nuevo ambos tornillos de forma alternativa y siempre con prudencia.

Después: chequeo del arreglo

Sujete la rueda delantera entre ambas rodillas e intente torcer con fuerza el manillar. Si los tornillos están bien apretados, el manillar no debe girar.

Reparación de urgencia de un manillar partido

En una caída, o después de ella, el manillar puede partirse sin aviso previo. Para poder reanudar el viaje (con todas las precauciones), puede introducir una rama verde adecuadamente gruesa en la zona partida y volver a juntar los extremos rotos.

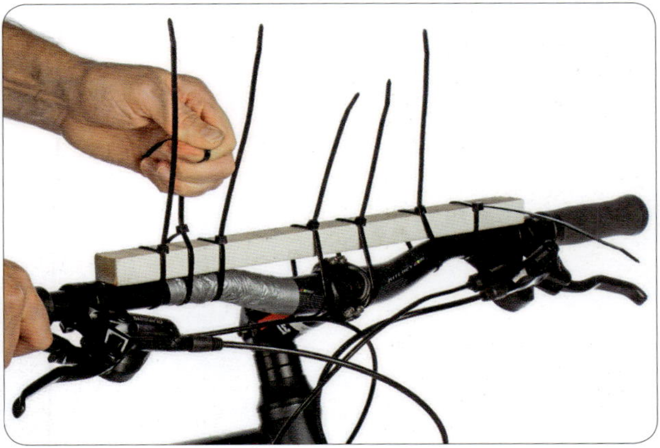

Entablillar la rotura

Asegure la zona partida con cinta aislante. Estabilice el manillar con cualquier cosa que pueda encontrar en el arcén. ¡Reanude el viaje con mucha precaución!

Enderezar el sillín

Afloje los tornillos de fijación de la tija hasta que sillín y tija puedan girar con facilidad. Coloque ahora el sillín en el sentido exacto de la marcha y, siempre con prudencia, apriete el tornillo.

Comprobar los tornillos

Cuidado con el par de apriete: estando de viaje apriete los tornillos siempre con mucha prudencia, y solo hasta que no se puedan girar a mano. ¡Una fuerza mayor podría estropear los soportes que tienen unas paredes muy finas!

Precaución: si le ocurriera que, después de apretar los tornillos, se rompiese la tija, no tendrá ninguna posibilidad de repararla en ruta. ¡Lo único que le quedará es continuar de pie sobre los pedales!

¡Atención!

La rotura de la tija o una fisura en ella es un grave peligro, incluso mortal. ¡Nunca intente continuar el viaje sentado en el sillín!

Fisura en el sillín

El sillín suele romperse por los lugares que sufren más picos de esfuerzo: directamente, detrás de la fijación. En ocasiones, se puede desplazar la zona de fractura pasándola algunos milímetros hacia delante, entre los tornillos de sujeción.

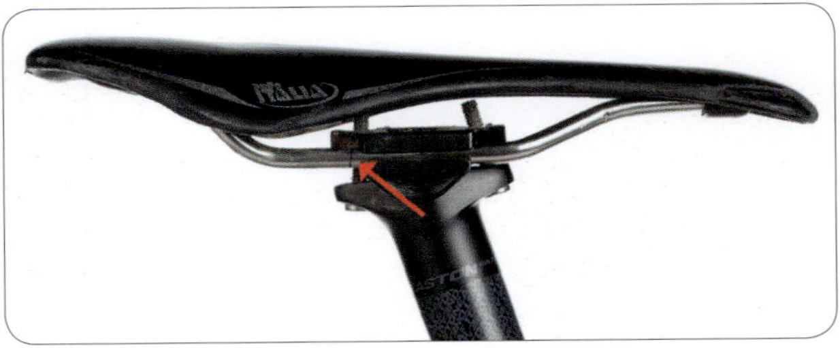

Pérdida de la fijación del sillín

Si, durante la marcha, el sillín se desplaza, afloje su fijación, colóquelo horizontal y apriete firmemente los tornillos, siempre de forma alternativa. ¡Precaución: en caso de haber un solo tornillo de fijación, asegúrelo bien!

CRUCIAL

Broche del calzado defectuoso
Sustituya el cordón roto o el broche defectuoso por una brida. Apriete prudentemente la brida o las marcas de presión en el pie se mantendrán al cabo de mucho tiempo.

Cremallera reventada
Si una cremallera cerrada se abre por el centro en una prenda, suele ser porque está desgastada. Los dientes ya no engranan con la estabilidad suficiente. Vaya cerrando la zona abierta a base de hacer retroceder la corredera con mucha delicadeza en dirección al tope inferior y después, sepárela totalmente. Apriete las esquinas interior y exterior por su guía inferior. Ahora, al moverla, ofrecerá mayor presión en ambos lados de la cremallera y los dientes volverán a engranar bien.

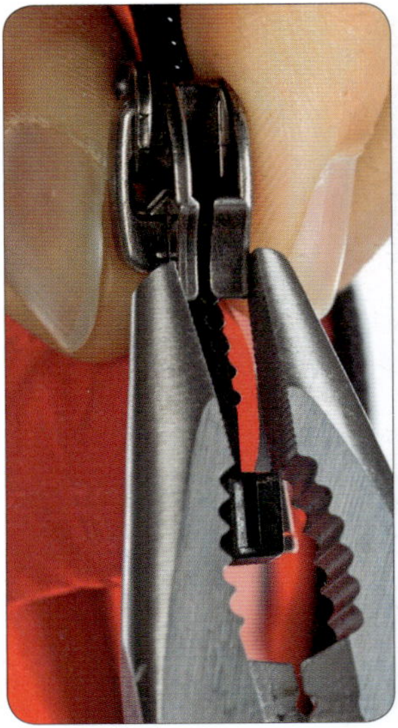

Rotura de una patilla de las gafas
Es muy fácil de reparar con unas capas de cinta aislante.

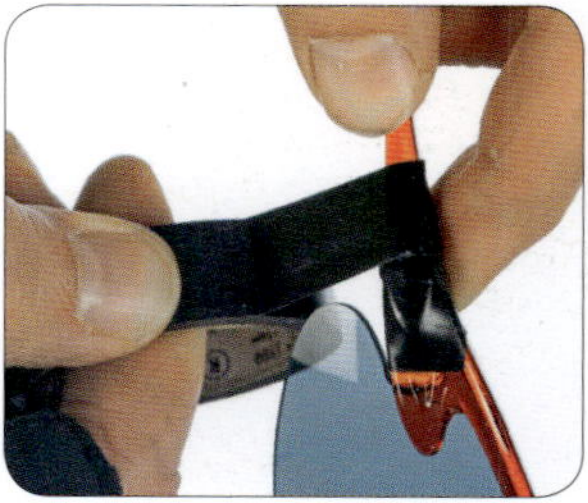

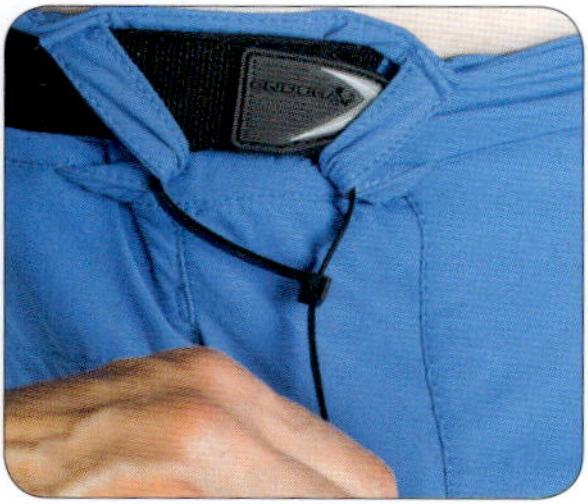

Tensar la cinturilla del pantalón
Los materiales modernos suelen darse de sí con el uso: si durante la marcha se le cae de repente la cinturilla del pantalón, suele quedarse colgado de la nariz del sillín. Use una brida para tensar de nuevo la cinturilla.

Fallo de la hebilla de la mochila
Las hebillas de fijación de la mochila se suelen romper por su parte más débil: la trabilla transversal. Eche a un lado la hebilla defectuosa y reemplace la unión por una o dos bridas.

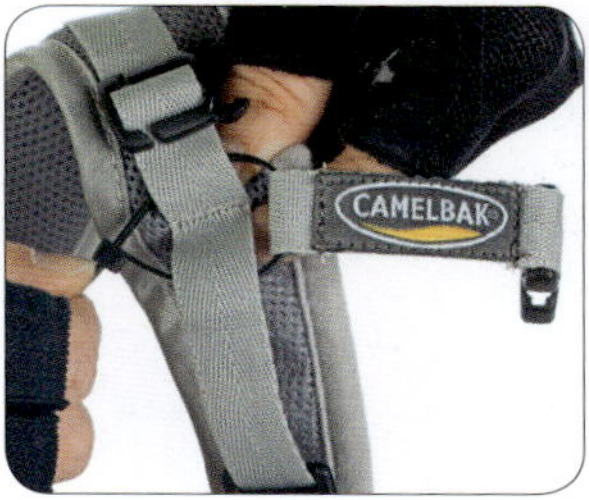

Aliviar dolores
Los dolores pueden transformar un «tour» en una «tortura» y continuar el recorrido se hace un suplicio o es prácticamente imposible. Un par de cambios de posición podrá, al menos, ponerle en unas condiciones llevaderas para seguir.

Dolores de rodilla

Las rodillas se rebelan cuando se las somete a un esfuerzo extraordinario: suba el sillín un par de centímetros y pedalee con una marcha más liviana de lo habitual. Así se alarga la pierna, aumenta la frecuencia de pedaleo y disminuye el esfuerzo en cada rotación.

Dolores de nuca y hombros

Estos dolores suelen surgir por llevar una posición demasiado estirada. Baje la tija unos centímetros para conseguir una postura del ciclista más erguida.

Variar la posición de los puños

Los dolores en los hombros, manos, muñecas o antebrazos suelen desaparecer cuando el manillar o los puños se giran unos pocos milímetros. Lo ideal es que la mano esté en prolongación del antebrazo con solo una leve torsión de la muñeca.

Dolores a la presión al sentarse

Si nota la presión del sillín, puede serle útil inclinar un nivel la nariz del sillín hacia abajo. Preocúpese de que los tornillos vuelvan a quedar bien asegurados. ¡En zonas bacheadas pueden producirle picos de carga que lleguen a ser más del doble de su peso corporal!

Trasero irritado

Para aliviar un trasero dolorido o rozado y con la piel irritada, puede utilizarse cualquier tipo de crema o grasa. Cremas solares o de manos, vaselina o cualquier otro producto disponible en el supermercado, o incluso un aceite suavizante casero, servirán para aliviar y proteger la piel y para reducir el roce.

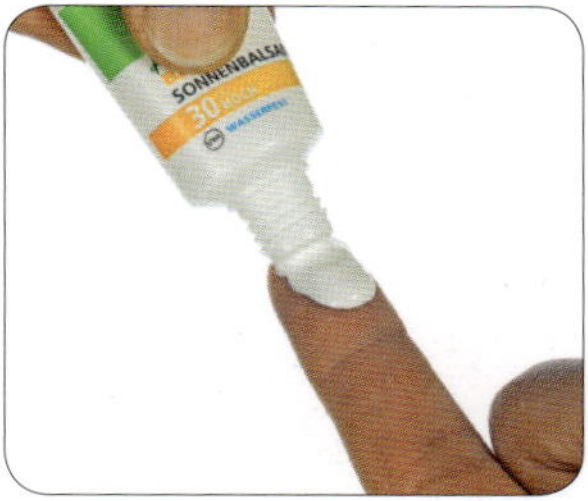

Bolsa de basura como chubasquero
En cualquier supermercado hay bolsas de basura grandes. Una bolsa de 120 litros con agujeros recortados para la cabeza y los brazos le mantendrá secos el tronco y el trasero frente a una lluvia inesperada. Ajústese la bolsa al cuerpo y péguela con cinta para que no revolotee.

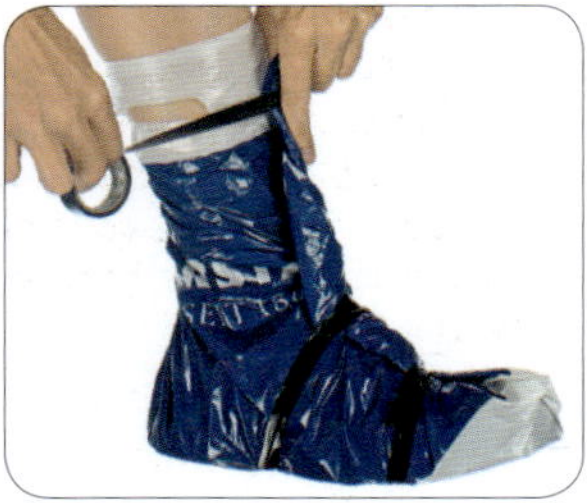

Impermeabilizar el calzado
Si surge una lluvia persistente, puede echar mano de una bolsa normal de plástico para envolver el calzado. Ajuste la bolsa y péguela en la pantorrilla y sobre el extremo delantero del pie, con lo que el plástico no revoloteará y no le entrará agua por arriba.

Calentar las manos
Si la humedad traspasa los guantes, puede servirse de unos desechables, poniéndoselos antes de los auténticos, para bloquear la humedad y el frío. ¡Las manos se le secarán muy bien!

Calzado, calcetines y pies húmedos
Si tiene los pies húmedos y completamente helados, le será útil meterlos, una vez secos, en bolsas de plástico. Póngase encima del plástico los calcetines y el calzado aunque estén mojados.

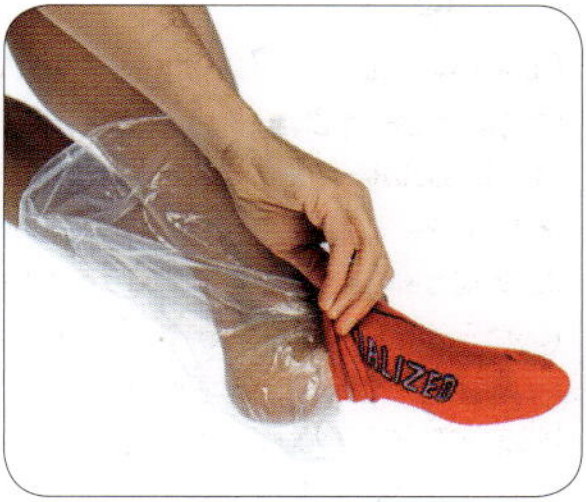

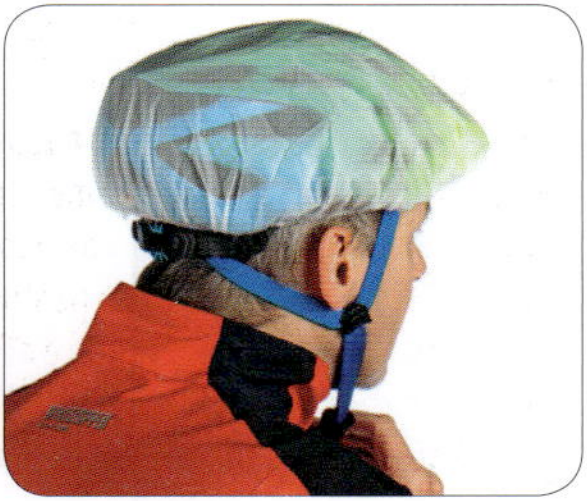

Impermeabilizar el casco
Un gorro de ducha (como los que dan en los hoteles para el baño) le ayudará ante una lluvia persistente. Su cierre de goma delgada se ajusta a la mayoría de los cascos y le protegerá de la humedad y el viento.

Tormenta al aire libre

Lo que tarde en llegarnos el ruido del trueno después del rayo (velocidad del sonido: 333 m/s) será el indicativo de lo próxima que tenemos la tormenta. Por debajo de los 3 s hay que bajarse de la bicicleta y buscar inmediatamente una zona protegida. Si no le fuera posible, sepárese por lo menos 50 m de la bici, y colóquese en cuclillas en una hondonada con los brazos y las piernas encogidos. ¡No se ponga de pie, ni se tumbe ni se guarezca debajo de árboles!

Editor: David Domingo
Coordinación editorial: Paloma González
Traducción: Eva Nieto
Revisión técnica: Yago Alcalde

Publicado por primera vez en alemán en 2017 por Delius Klasing Verlag, Siekerwall 21, D-33602 Bielefeld, con el título: *Mountainbike. Reparaturen Unterwegs*

c/ Impresores, 20
P.E. Prado del Espino
28660 Boadilla del Monte (Madrid)
Tlf.: 91 559 98 32
E-mail: info@edicionestutor.com
www.edicionestutor.com

Textos: Jochen Donner
Fotografía y diseño: Daniel Simon

Socio fundador de la
World Sport Publisher's Association
(WSPA)

ISBN: 978-84-16676-36-1
Depósito legal: M-21.662-2017
Impreso en Artes Gráficas COFÁS
Impreso en España - *Printed in Spain*

Advertencia:
El presente libro ha sido cuidadosamente elaborado. Sin embargo, no existe una garantía total referida a todas sus indicaciones. Ni los autores ni la editorial pueden asumir ningún tipo de responsabilidad debida a eventuales daños o perjuicios resultantes de las informaciones contenidas en la obra.